天作之贺 和而不同
贺兰山东麓葡萄酒

品牌营销指导手册

郭明浩 苏 龙 张 旋/主编

黄河出版传媒集团
阳光出版社

目录 Directory

第六章 葡萄酒品牌如何做整合营销

第七章 酒庄如何做品牌升级

第八章 酒庄如何进行新产品开发

第九章 产区品牌的塑造

第一章

如何区分市场营销和销售

一、市场营销的定义

市场营销（Marketing）又称为市场学或者市场行销和行销学，简称为营销，其定义随着这门学问的不断发展而发展。市场营销就是管理有价值的顾客关系，其目的是创建强大的品牌，以为消费者创造价值为核心思想，最终实现企业盈利。

企业的市场营销部门按功能可分为品牌营销部（Brand Marketing）、通路营销部（Trade Marketing）等。

品牌营销部又可以细分为公共关系维护（PR）、媒体及投放（Media）、品牌管理（Brand Management）、调研（Research）和顾客关系维护（CRM）等岗位。

通路营销部是品牌活动的执行部门，通过线下门店设计、展示陈列、促销等体验活动与顾客沟通。它是市场部与销售部的桥梁，负责上传下达，代表市场部做线下活动，并为销售提供各种支持。

二、市场营销和销售的区别

很多人会将市场营销和销售混为一谈，认为市场营销就是销售，而将真正意义上的市场营销认为是品牌或品牌活动。广义上的市场营销包含销售，但往往在企业的运营和实际操作上对二者有着明确的区分。最主要的原因是二者所处的立场或者角度不同。

销售是站在企业自身的角度将产品或服务售卖出去，从而产生利润，例如客户开发和管理、商务谈判、合同签订、渠道铺货等。销售需要考虑当前怎么将产品或服务卖出去，怎么协调销售点、经销商的关系并进行管理。其过程是短暂的，目标是满足企业的需求。

市场营销则是站在消费者的角度去创造价值来满足消费者的需求，占据消费者的心智，从而使其愿意优先甚至花费更多的钱去购买产品，而企业的利润是附带产物。市场营销的活动范围非常广泛，包括市场调研、定位、公关、营销策略、品牌资产管理等。市场营销需要考虑的是怎么维持一个产品的生命周期，怎么维持一个品牌的长远发展。它是一个长期的过程，因为占据消费者的心智，需要不断地、集中地满足消费者的需求，短时间内不容易达成目标，所以市场营销绝不仅是简单的推广或者促销行为。

例如，你是一名消费者，在店内看到一瓶葡萄酒，因为你在电视上或者网上看到过这款酒的广告，所以你知道它，并且对它印象还不错（市场营销的工作），这瓶酒的包装很好看（市场营销的工作）。然后你发现这瓶葡萄酒和其他同品牌的葡萄酒一同整齐、美观地摆放在货架上，并且有个"买一赠一"的活动（这些都是市场营销的工作），这些都从不同角度激发你购买的欲望，最终，你买下这瓶葡萄酒。而销售，则是消费者不直接接触的、将这些葡萄酒供给渠道商的行为。

三、市场营销与销售，孰轻孰重

（一）侦察还是作战？

市场营销和销售就像部队中的侦察和作战两个部门，如果没有预先侦察，那么作战部门就会毫无章法，没有节奏，甚至没有明确的作战目标。所以尽管销售人员很努力，但也只能是碰运气；如果只有侦察而没有作战，一样不能完成任务，虽然知道下一步该做什么，但是没有人执行，只能是纸上谈兵。

（二）现在还是未来？

销售的任务是关注今天，让企业有健康的现金流进来；市场营销的任务是关注明天，即寻找未来的机会、识别未来的机会、激发未来的市场需求，这样就能源源不断地产生潜在客户，为销售部输送精准客户。若企业只关注今天，那么销售会愈加艰难，始终处于冒险的状态；相反，如果企业只看明天，则今天就可能"饿死"。

（三）销售与市场谁更重要？

在竞争不充分的市场上，由于产品差异化很小，大家都把精力放在捕捉现有机会上，只要能生产出类似的产品就能赚到钱。这时，企业会觉得只要当好一名跟随者即可，不用做市场调研，不用做消费者洞察，也用不着什么战略设计。这在信息不对称的市场环境中的确有其存在的价值，因为消费者不知道该相信谁，能相信谁，只要出现几个相对可信赖的品牌，就会优先选择这些企业的产品。在这个时期，销售部是企业里最重要的部门，而市场营销部的确显得不那么重要。市场上最典型的竞争要素就是价格和广告，销售部完全可以胜任，这就是我们所说的典型的推销模式阶段。

随着竞争的日趋激烈，企业依靠没有差异的产品就很难生存下去。一旦某个市场进入完全竞争状态或者市场饱和，低劣的产品就会逐渐退出市场。近几年，葡萄酒的同质化愈来愈严重，在这样的市场环境下，仅靠一款产品出奇制胜的可能性不是没有，只是很小，也很难保持优势。这时，一定会淘汰掉一大批竞争力弱的企业，竞争力的最直接表现之一就是品牌力。大企业在资金、渠道、团队、品牌、投入等各方面都相对完备，优胜劣汰，"小玩家"若没有足够"奇"的竞争之道就会很快出局。

在现在的葡萄酒市场，企业仅依靠销售人员的个人能力已经不可能取胜了，尤其是不可能取得全面、决定性的成功。试问，一个能力很强的销售员离职了怎么办？是不是之前的客户资源也将损失一部分？对于企业来说，是应依靠销售员还是品牌力，这点值得思考。

市场营销部的价值就在于此，因为企业需要有专人去布局、去规划、去设计，市场营销的核心工作是完整的产品创新和营销战略的设计，当然创新又建立在对目标客户深层次需求的把握之上，竞争越激烈，市场营销部的职能就越重要。

所以，市场营销和销售相辅相成，缺一不可。尤其在产品策略、定价策略及渠道策略的制订上，更要相互配合。可以说市场营销和销售就像人的两条腿，缺一条，路走得就不会顺。

第二章

市场营销的出现和演变

一、市场营销的出现和发展

一般认为，市场营销起源于说服的艺术，古代东、西方的先贤们，无论是演说还是游说，其目的都是将自己的理念、观点传播和销售出去，进而影响他人乃至整个世界。亚里士多德的《修辞学》是当时人们最为重视的一部讲述如何说服人的作品，亚里士多德也通过该著作，很好地营销了自己。

"市场营销"一词是由"市场"演变得来的，按照其意思，"市"就是买卖，"场"则是地点，"市场"的意思就是"买卖、交换的地点"。市场营销的英文"Marketing"，源自拉丁文"mercatus"，指"商人商品交换之地"。

20世纪20年代至60年代初，市场营销学快速成长和发展起来，其理论不胜枚举，以"功能主义""营销管理"和"市场营销组合"，以及"4P"等理论的出现为代表，这些理论至今还深深地影响着市场营销从业人员。

20世纪60年代中期至80年代，市场营销学从经济学中独立出来，市场营销理论和策略进一步发展。1967年，美国著名市场营销学教授菲利普·科特勒（Philip Kotler）出版了《市场营销管理：分析、计划、执行和控制》一书，全面、系统地阐述并推动了现代市场营销理论的发展，菲利普·科特勒也被称为"现代营销学之父"。20世纪70年代末，随着中国改革开放的开始，现代市场营销理论也被引入中国。随着中国经济的快速发展，市场营销在中国也迅速发展起来。但是因专业不精，不少企业误入歧途，认为"一掷千金"的"标王效应"，或者"有奖销售""概念炒作"等种种推销方式就是市场营销，陷入这种观念的企业往往经不起市场和时间的考验。一些企业则努力学习最新的市场营销理论，并根据市场情况，因地制宜，努力实现与消费者"双赢"的目标。市场营销学作为新兴的学科，其理论在不断发展和进化，并且随着科学技术的发展和新技术的应用，市场营销的手段越来越丰富，从业人员需要不断地学习，才能跟得上市场营销的发展。

二、市场营销的演变

菲利普·科特勒于 2015 年和 2017 年分别出版了《营销革命 3.0：从产品到顾客，再到人文精神》和《营销革命 4.0：从传统到数字》，首次将市场营销的演变划分出四个阶段：营销 1.0、营销 2.0、营销 3.0 和营销 4.0。

（一）营销 1.0——以产品为中心的营销

营销 1.0 是在工业化时代的背景下，以产品本身为中心，强调功能性价值的营销时代。这一时代物资匮乏，生产的目的是满足大众市场需求，产品单一化、标准化，消费者几乎没有选择。例如福特汽车强调的是座位数量、有车顶和不用马拉的车，并且仅提供黑色车身的汽车；可口可乐当时宣传的是提神醒脑；马爹利干邑强调的是宴会场合的饮品。

（二）营销 2.0——以消费者为导向的营销

20 世纪 70 年代，随着生产力的提高，物资变得丰富起来，全球多行业进入买方市场，消费者则变成稀缺资源。这让企业创造需求变得越来越难，市场营销从战术层面转向战略层面，企业开始寻求营销理念突破，营销者意识到需要改变以产品为中心的营销活动，而改变的方向则瞄准满足消费者的需求。

企业不仅要研究产品功能上的差异化，还要进一步探寻其他方面的差异化，而这重点在于情感层面的差异化。例如同样是可乐，可口可乐和百事可乐在产品属性和功能上类似，但是可口可乐主张"快乐生活"，而百事可乐主张"年轻人活在当下"（价值主张不会一成不变，在后面章节将会介绍）。不同的消费者，因为品牌情感的差异化，就会自然而然地"选边、站队"，两个品牌分别收获了各自的目标消费者。

（三）营销 3.0——以社会人文精神主导的营销

营销 3.0 与营销 2.0 一样，都致力于满足消费者的需求。但是营销 3.0 更进一步地将情感的差异化升华到社会、人文、精神层面，是社会人文精神和价值观驱动的营销。从本质上来说，商业行为的最终目的其实也是满足需求、帮助人们过上更美好的生活。

营销 3.0 的出现，解决了当今全球的经济、社会、环境出现的很多问题。如今消费者迭代迅速，产品功能和情感诉求的差异化已经不明显或者很难找出差异。消费者更加关注人类自身面临的诸如环境、经济、政治、健康、安全、公益和可持续发展等方面的问题，他们会选择价值观相符的那些企业、品牌和产品。国家和地方的部分政策支持也倾向于此类企业或品牌。营销 3.0 并不是简单的慈善或者公益行为，它要求企业必须具备更远大的、服务整个世界的使命、愿景和价值观，并且企业的行为和事实也要与之匹配。在当今市场环境中，企业的盈利能力和它的企业责任感息息相关。

（四）营销 4.0——消费者与企业共创价值的数字化营销

营销 4.0 是菲利普·科特勒在营销 1.0 至 3.0 的基础上，结合最新移动互联网和数字化科技的发展而提出的全新的营销理论。它是一种结合企业与用户、线上和线下交互的营销方式，包括社群营销、大数据营销、基于数据分析的推送式营销、消费者价值观营销及体验式营销等在内的全方位整合营销，也就是互联网电商行业所谓的"营销一体化"。

三、小结

虽然市场营销在不断地演变，但在现实的营销操作上，营销 1.0 至 4.0 是同时存在的。营销 1.0 也并没有完全失去作用，比如红牛可以强调"困了、累了喝红牛"，王老吉也可以说"怕上火喝王老吉"，巴黎水可以宣传是"餐前漱口水"。强调产品功能属性的营销，对于科技企业和行业龙头企业的效果依然明显，但同样是功能饮料的"魔爪"如果再一味地强调功能性，那消费者为什么不买红牛而去买魔爪呢？所以魔爪，在营销 2.0 上下了功夫，强调"释放野性"，让消费者不仅能够理解其产品功能，而且还得到了情感上的认可和支持。

由于营销 3.0 是价值观导向的社会营销，所以不是所有的企业都能够接受，它尤其不被那些认为企业就应该是逐利而非追逐价值观的人所接受。至今营销 3.0 做得比较好的，仍然是国际上的知名企业和品牌。

中国的市场营销起步虽晚，但互联网发达程度却全球领先，所以营销 4.0 的理论虽然非常新，但其在中国的市场中正在迅速成长和发展。

一名合格的营销人，需要了解营销行业的最新理论和发展趋势，并努力运用到自身所处的行业和企业中去，让行业和企业持续健康发展。

第三章

酒庄如何给品牌命名

一、如何起一个品牌名字

品牌名字是营销活动的起点，值得花时间去琢磨和探讨。名字不够响亮，没有延展度，品牌故事不好写，品牌传播就会事倍功半。

想出一个好名字确实很难，难上加难的是，当我们提交商标注册时，却发现这个名字已被捷足先登，只好再去头脑风暴。

我们先看一些品牌名字来开拓一下思路。

Veuve Clicquot—— 凯歌，寓意胜利的喜悦，奏响凯歌，很适合庆祝、庆功用酒。

凯歌香槟也一直和马球运动相结合，名字积极向上，联想美好。

Chateau D'Yquem——滴金，法国苏玳产区贵腐甜酒之王，价格不菲，"滴金"寓意金黄色的酒液滴滴宛如液体黄金，名字生动传神。

Penfolds——奔富，奔向富裕，寓意好，容易记，朗朗上口，虽然略显俗气，但还是很受消费者认可的，奔富在中国一度风靡，这个名字功不可没。

（一）命名角度

1. 以自然景观命名

以自然景观、山川大河命名的品牌不在少数。亚马逊在成立之初叫作"Cadabra"，后来以世界上最大的河流名字"Amazon（亚马逊）"重新命名，显然更利于推广。

长城在中国可谓是无人不知，外国人对中国的认知里也少不了长城，这样的名字不可多得，长城葡萄酒因其名节省了巨额的推广费用。

法国塞纳河流经巴黎市区的河段有 13 千米长，河面上横跨着 37 座桥，其中一座叫作艺术桥，也叫爱桥，没错，就是无数情侣在这里挂一把把爱情锁的那座桥，"庞狄莎（Pont des Arts）"葡萄酒就是用这座桥来命名的，品牌标志（Logo）也是这座桥的造型，中文名采用原文的音译，没用"艺术桥"命名，应是中文商标注册方面的原因。

2. 以姓氏命名

家族姓氏、创始人名字、配偶、子女的名字都可以作为命名方向，这种方式在国外酒庄很常见，比如美国的罗伯特·蒙大菲（Robert Mondavi）、贝灵哲酒庄（Beringer）、嘉露（E&J Gallo）都是创始人或家族名字，澳大利亚的哈迪（Hardys）、利达民（Lindemans）也是一样。

路斯格兰（Rutherglen）在 19 世纪中期曾是金矿小镇，淘金热退去之后，葡萄酒逐渐成为了当地的主要产业，而这里也是澳大利亚最具历史传承的葡萄酒产区，子承父业是这里的传统，很多酒庄都传了好几代人，大多品牌以家族姓氏命名，比如著名的澳大利亚第一家族酒庄联盟成员——坎贝尔酒庄（Campbells Winery），其创始人约翰·坎贝尔（John Campbells）正是由淘金转行做葡萄酒酿造的。

香槟品牌巴黎之花（Perrier-Jouët）是由皮埃尔（Perrier）与其妻子姓氏"Jouët"合在一起来命名的。

19 世纪下半叶，广东人张弼士独闯南洋，创立裕和、裕兴、万裕兴等实业，成为跨世纪的侨务工作先驱。1892 年，张弼士在烟台投资兴办葡萄酒厂，仍按习惯取"昌裕兴隆"之意，在中国创办的这个酒厂冠以"张"姓，此为"张裕"名字的由来。

由于中国近代葡萄酒产业起步较晚，以姓氏命名的酒庄也并不多见，

"李华""蔡龙鳞"等将自己名字用作品牌名的也实属凤毛麟角。另外，"文成城堡""郭公庄园""利思酒庄（Li's）""圣路易·丁酒庄（Chateau St. Louis Ding）"等名字都带有创始人的影子。

3. 从历史入手

"尼雅""楼兰"品牌名来自西域古国，"西夏王"自然来自宁夏，从历史入手，文化内涵丰富，有利于品牌挖掘和传播。

"丝路"，象征着丝绸之路，酒庄位于新疆伊犁河谷，"卡伦"，是清朝时期的边防哨所，也用作了酒庄名字。

甘肃的"莫高／莫高窟"葡萄酒，名字显然来自敦煌著名的石窟——莫高窟，原本写为"漠高窟"，意为"沙漠的高处"，后来因"漠"与"莫"常通用，便改为"莫高窟"。

陕西省咸阳市三原县史称"甲邑"，这就是"甲邑酒庄"的名字来历。

葡萄酒产业集中的地方，必是文旅产业快速发展的地方，这里不但自然环境优美，而且历史积淀深厚，有太多的元素可以挖掘和书写，可为我们做葡萄酒品牌营销所用，有文化内涵的品牌才是真正让消费者从内心认同的品牌。

4. 品牌联想

下面是一些具有参考意义的中国葡萄酒品牌的名字，为我们提供积极正面的联想空间。

敖云，意为"飞翔云际"或"遨游云上"，寓意祥云飘浮于香格里拉这片神奇的土地之上，充满对香格里拉这一传奇的酒庄诞生地的赞颂。

另外，"天塞""留世""天赋""佰年""王朝""怡园""美贺""沙地""贺兰山""龙徽"等名字叫起来都朗朗上口，更早期的品牌有"新天""丰收""夜光杯"，很可惜有些品牌在发展过程中近乎销声匿迹。

5. 地域特色命名

"香格里拉"属于"天上掉馅饼"的好名字，源自英国小说家詹姆斯·希尔顿的小说《消失的地平线》中描述的"Shangri-La"，寓意世外桃源，对美好事物心存向往，香格里拉酒店、香格里拉酒庄的名字都是源于此。

"祁连""贺兰山"的品牌名字源自当地著名的山脉，"沙坡头""西域明珠""丹凤"这几个品牌名字都带有地域特色，杰卡斯（Jacob's Creek）是澳大利亚巴罗萨谷当地一条小溪的名字。

（二）品牌命名原则

1. 简单好记

品牌命名最重要的原则就是简单好记。

越简单，越有利于形成品牌认知，节约推广成本。如果许多字放在一起，又没什么逻辑，还需要花时间解释，那沟通成本就太高了。

2. 避免生僻字

尽量少用生僻字，那些消费者不能轻易读出的品牌名，也别指望消费者能轻易记住。

3. 避免歧义

新的品牌名字在使用之前，最好请不同地域、不同背景的人测试一下，尤其是方言测试，避免在某些方言和文化背景中引起歧义、贬义甚至更糟的情况，中国的语言文化广博且复杂，这样的教训很多。销售一个听起来有负面导向的商品，再怎么努力也是不会成功的。

4. 避免地域局限

有些名字不够好是由于地域特色太过明显。品牌命名可能是在局部方言体系和思维方式下出炉的，也许在本地适用，但外地的消费者会不知所云，需要向他们解释一下他们才能明白。然而，"要解释一下"的这个动作本身就难以实现，一是可能根本没有机会，二是这无疑会增加成本，与其将大量的费用投入在解释品牌名字上，那么为何不在一开始就起一个朗朗上口，寓意明显的名字呢？

5. 避免不伦不类

市场上有太多不伦不类，甚至非常糟糕的名字。首先，本土品牌没必要用个洋名字，拿楼盘来举例，消费者想提升居住品质合情合理，开发商想多卖房子、搞点噱头也可以理解，于是，随处可见"莱茵小镇""威尼斯花园""普罗旺斯""托斯卡纳""维也纳小镇"……不挂个洋名字似乎就不够高大上，但其名字与气质根本不符，建筑风格、居住环境、配套服务都"离题万里"，还倒不如抓重点、找特点起个中文名。

我们的历史积淀如此广博，文化根基如此深厚，文辞字句如此精妙，这是我们源源不断的灵感来源。这些绵延不绝的历史文化内涵，也是我们的产品、品牌特有的文化符号，外在可以轻易被模仿，但内在实难被超越。

二、如何迅速找到合适的品牌名字

如何迅速找到适合自己的品牌名字，除了自力更生，头脑风暴之外，还有以下几种方法可以考虑。

（1）书中自有黄金屋。古人的唐诗宋词、经典名著都就是宝藏，而现今的各种艺术展览、博物馆也是很好的灵感来源。

（2）找专业的咨询公司。一定要相信术业有专攻，将专业的事交给专业的人去做。品牌名字不是拍脑门那么简单，一个好名字的诞生需要花费很多心思，能带来的品牌传播力度也是无法估量的，所以，不要总在看得见的硬件投入上很慷慨，而在无形资产的品牌投入和规划上很吝啬。成功的品牌都是建立在消费者的心智中的，消费者喝到产品的概率远远高于实地走访酒庄的概率，试问，消费者会去比较哪个品牌的设备更先进、机器更豪华吗？品牌策略需要系统规划，东一榔头西一棒槌地乱打，不会形成品牌积淀。名字作为开始的第一步，基本决定了品牌走向。

（3）直接购买商标。如果前面所说的内容都不适用，还有一个选择，看中的名字就去买商标，那唯一的问题就是价格谈判了。

第四章

品牌定位和广告语的重要性

一、品牌定位的定义

简单来说，品牌定位（Brand Positioning）就是让品牌在消费者的心智中占有一个位置。Positioning 来自于 Position（位置），变成动词，就是占位的意思。定位理论认为，当消费者想要购买某个产品时，如果立马想到某个品牌，那就可以说这个品牌占据了消费者的心智，成为其品类的代表，与仅仅侧重于盈利相比，这种占位优势可以让品牌拥有更长久的竞争优势。

关于品牌定位有很多的误解，比如，说起定位，很多品牌定位高端、定位中低端市场、或定位精品酒庄，这些说法不叫定位。高端的、中低端的、精品酒庄葡萄酒很多，你的品牌又如何突破竞争，在消费者的心智中占个位置呢？没有差异化的切入点是很难让消费者认识并为品牌留个位置的。

二、为什么要做品牌定位

要做品牌定位，需要先了解一下消费者的心智模式。

（一）消费者心智有限，一个品类不超过 7 个品牌

现在是信息过剩的时代，消费者的心智非常有限，一个没有个性、没有记忆点的品牌，是很难让消费者记住的。

请试着挑一个商品种类，看看自己能不能说出来 7 个以上的品牌，比如手表、自行车、化妆品、手机、玩具、箱包、空调、灯具、吸尘器、豆浆机、地板，甚至是酒类从业者相对熟悉的啤酒、白酒，也通常说不出 7 个以上的

品牌。同理，这种情况也适用于葡萄酒领域，即使你的品牌每年卖几百万瓶，甚至上千万瓶，这也没什么了不起，因为绝大多数消费者仍然不知道。那些号称每年进口额巨大的公司，大多靠低质、低价跑货，很少真正塑造了成功的品牌。有些大品牌已然很成功了，为什么还仍然坚持大投入做品牌传播？因为他们知道，只要一段时间不发声，就会被其他品牌替代，但这不能责怪消费者不忠诚，因为他们的心智有限，只能容纳有限的信息。

（二）供大于求，竞争激烈

葡萄酒产品浩如烟海，产酒国多、产区多、厂家多、产品多，库存大，供求失衡。随着中国葡萄酒市场的发展，越来越多的葡萄酒进入了中国市场，除了常见的产酒国，现在市场上也能经常见到格鲁吉亚、摩尔多瓦、乌拉圭、斯洛伐克、黎巴嫩、以色列、英国等国家的产品。中国葡萄酒市场正向着成熟市场迈进，这意味着市场分化将更细碎、更多元，对葡萄酒企业而言，一方面是机会确实多，反过来讲机会也都不大，如何在竞争激烈的市场脱颖而出，是每个葡萄酒企业都将面临的问题。

（三）消费者选择困难，缺乏安全感

缺乏葡萄酒知识的消费者，通常只选择认识的品牌，当这些消费者走进一个葡萄酒专卖店，或者站在一个摆满葡萄酒的货架面前，通常会无所适从。要么转身就走，要么面对促销员的说辞而"乖乖就范"。消费者喜欢简单，讨厌复杂，一个能让他清楚地认知的品牌会让他有安全感。

（四）消费者对品牌的印象不会轻易改变

消费者喜欢某个餐厅、某个健身房、某个品牌化妆品、某个购物平台、某位导演、某位作家，都不大会轻易改变，打动他们的一定有个与众不同的点，即所谓的卖点。比如一个来自于宁夏贺兰山东麓的品牌，若被消费者问道："为什么我买你的酒而不买你邻居家的呢？"这个问题对很多品牌来说很难回答，原因是在自然环境、地理位置、葡萄质量、生产工艺、获奖背书等方面都不具有明显的差异。有没有一些东西是这个品牌独有的？若品牌能有一个差异化的卖点，可瞬间击中消费者的内心，给消费者一个选择你而非竞品的理由，那让他买单就不是问题了。

三、广告语

（一）广告语的分类

品牌传播的方式无外乎文字、图片、视频这几种方式。文字，作为最传统的方式，有很多的应用场景，这些都需要用眼睛去看，当一个消费者没有见到产品的可视性资料时，他很有可能是从其他人那里听到的，即口碑传播，而广告语具有独特的优势，是"道听途说"的重要传播载体，在与消费者的沟通中有非常重要的作用。广告语在诉求分类上，可分为理性诉求和感性诉求。理性诉求多数为功能层面，这也是市场营销 1.0 阶段的主要营销方式，着重突出产品的功能特色；相对来说感性诉求发挥的空间就比较大。消费者有哪些情感方面的心理需求呢？比如：爱情、亲情、友情、励志、创新、探索、时尚、高端、面子、年轻、与众不同……

对于葡萄酒来说，各品牌产品高度同质化，在功能性的诉求方面很难有发挥空间，而饮酒又是一种更侧重于情感方面的消费，这就为感性诉求留出了用武之地。营销的终极战场是消费者的心智，因此还是要回到根本，即品牌定位，决定了你对谁说（目标消费者）、说什么（品牌的理念诉求）、怎么说（品牌传播策略），广告语，就是最简单有效的传播方式，而成功的广告语，能使消费者有初恋般的心动。

1. 功能诉求型广告语

红牛，功能饮料的开创者，其广告语是：你的能量超乎你想象，英文原文为"Red-bull gives you wings"，意思是红牛给你插上翅膀。这个传播口号，尤其是中文广告语，重心已经落在情感层面了。红牛，给你翅膀，给你力量，做出超乎你想象的事，很有力度，又耐人寻味。红牛早期广告语更直接：困了，累了，喝红牛，功能性诉求表达得非常简单、有力。

葡萄酒功能性的诉求，比如，产区自然环境、气候特点、土壤结构、奖项等，这些都归类为功能层面的表达，你会发现，各品牌的表达并没有太大不同。

2. 情感诉求型广告语

当市场上的竞品越来越多，单纯的功能性诉求并不能满足消费者的需求，这样的广告语就显得力度不够了，比如同为功能饮料的东鹏特饮曾经也说：困了，累了，喝东鹏特饮，事实证明，这个复制过来的广告语并不合适。2015 年，东鹏特饮采用了新的品牌广告语——年轻就要醒着拼，从功能诉求转换为情感诉求。我们再来看几个情感类诉求的广告语。耐克的广告语和对钩标志一样广为人知：想做就做（Just do it）；阿迪达斯则告诉消费者：

一切皆有可能（Impossible is nothing）。细心的读者会发现，这两个品牌的广告语都没有说自家的产品，为什么呢？鞋的质量已经是广泛的认知，无须再重复，即使是有功能上的些许差异，这都不是核心竞争力，也比较容易模仿，更不是品牌的核心，从差异化的角度来和消费者沟通，注意，这里强调的是沟通，而不是仰视，更不是俯视，要平等对话，把消费者真的装在心里，这样才能成功塑造品牌。耐克和阿迪达斯，虽然广告语有差别，但都很积极、励志、向上。

百事可乐自诞生之日起，就一直是可口可乐的跟随者，期间用了多种策略来与"老大哥"竞争。真正奠定百事可乐地位的转机出现在 20 世纪 60 年代之后。通过市场调研，消费者细分，百事可乐策略性地聚焦、差异化定位在年轻消费群体，广告语也随之调整，其中最具感染力的一条便是"新一代的选择"（For next generation），俘获了大批年轻粉丝，成长为可与可口可乐比肩的知名品牌。

好的广告语能够打动消费者，让人在情感上产生共鸣，从而对品牌认同、忠诚，乃至成为口碑传播的品牌大使。

（二）如何创作出好的广告语

1. 契合品牌定位

广告语作为品牌主张的核心载体，出发点就是要契合品牌定位，在定位基础上进行创作，提炼出一句简洁有力的口号，助力品牌传播。先有品牌的精准定位，才能推导和提炼出精准的广告语。若是脱离了品牌的核心诉求，文字再漂亮、再简练也是不适用的。优秀的商业表达，其背后是大量的工作，需要系统地调研、思考，那些优秀的广告语之所以能被人们记住，是因为创作者对品牌和用户有着深刻理解。在品牌定位和目标市场明确后，确定目标消费者及其需求，研究品牌与消费者沟通的核心信息，如何通过广告语触动目标受众。

王老吉曾经的广告语是"健康家庭，永远相伴"，表达非常宽泛，看不出品牌定位，也没有差异化的诉求，"永远相伴"是一句空话，而"健康家庭"又有太多的品类、太多的品牌可以说了，而且很多品牌比一款凉茶更有资格说"健康生活"。王老吉的重新定位于预防上火的饮料，通过"怕上火，喝王老吉"的凝练表达，有效地区别于竞争产品，迅速在凉茶品类中脱颖而出。宝洁公司的洗发水品牌，各自有差异化定位，品牌口号也能明显区分而不至于互相冲突。因此，品牌定位没有清晰之前，广告语要么不知所云，要么就会成为流于形式的泛化表达。定位清晰准确后，广告语的创作方向也就明确了。

2. 简洁

广告的目的是让消费者能记住品牌，广告语太长当然不好记，也就不利于传播，能简化到六个字以内是最好的，超过十个字就很难记了。英文的广告语也是同理，越简洁越有力，比如 Johnnie Walker 的"Keep walking"（永不止步）、奔驰的"The best or nothing"（止于至善）、依云的"Live young"（永葆年轻），可口可乐的"Open happiness"（开启快乐）都堪称经典。

3. 聚焦

品牌传播的信息一定要聚焦，广告语常见的问题有两个，一是传递的信息不一致，二是诉求点过多。

一个品牌今天说东，明天说西，什么都想说，消费者则什么也记不住。广告语要保证品牌信息的单一性，才会有传播效果。我们不妨看看身边的葡萄酒品牌，分析一下其文章、海报、活动、宣传片、产品介绍等，你会发现，品牌传播的信息经常会不一致。

广告语的诉求点过多，则哪个点都说不透。举例来说，当一个酒商被问到其业务是主卖哪个国家、产区及产品类型时，得到的回答可能是：什么都卖，要什么有什么。但这并非一个理智的回答，短期内看，这的确能获取一定的生意机会，但是别忘了，什么都有等于没有特色，因为，任何一个酒商也不可能做到什么产品都有，若想在竞争激烈的市场上立足，想让别人认知这个品牌，需要一个聚焦的差异点。一个品牌不可能各方面都做得好。因此，品牌定位需要聚焦，广告语也需要聚焦，诉求点过多反而失去了重点，再多的传播也可能达不到品牌想要的传播效果。

4. 语言文采

需要明确的是，广告语不是文字游戏，既要简练，也要容易理解和记忆。有太多的品牌陷入一种误区，单纯追求文字的高大上，这在传播上并非有利因素，华丽的辞藻并不是最重要的，通俗的未必不好，文雅的未必合适，在前面几条原则的基础上，再来追求广告语的文学性和传播性。有些具有文艺范儿的广告语，能瞬间抓住消费者的内心，久久不忘，比如戴比尔斯（De Beers）凭借"钻石恒久远，一颗永流传"（A diamond is forever）这句经典的广告语，使之几乎一夜之间成为珠宝市场的第一品牌，再比如著名广告人黄霑创作的"人头马一开，好事自然来"，通俗易懂，也堪称经典。

（三）如何避免一条差的广告语

1. 套话不要说

广告语要包含明确的信息，不要使用空洞乏味的套话。"好葡萄酒是种出来的""七分原料，三分工艺"，这样的信息适用于整个行业，谁都可以用，这也就意味着没有差异化，并不适合作为品牌广告语。如同洗衣粉广告语说"洗得干净"，饮料说"好喝"，化妆品说"让你变漂亮"，诸如此类，都是太宽泛的表达，产品的共性是被广泛认知的信息，并不是差异化的卖点。好的广告语要能使产品的核心诉求生动化，说得空洞、宽泛，没有自己独特的主张，等于什么都没说。所以，广告语不仅仅要符合品牌本身的特质，还要可落地实现，通过营销活动把品牌理念传递给消费者，消费者在获得体验的同时，就会相信、拥护这个品牌。

2. 大话不要讲

广告语中"第一""最好"之类自我吹嘘或不切实际的承诺不会给消费者留下好印象。初创公司或新品牌都不适合在广告语中说一些虚无缥缈的话。假大空的广告语，如"引领""精英""成功""颠覆"等，如果这些口号不能落地实现，消费者没有切身的体验，就会失去对品牌的信任。简单至上，坚持真实原则，千万不要说大话。

3. 避免过于恶俗

一些广告语采用强行推销的手法，容易让人讨厌。送礼、煽情等广告语，怎能不令人反感？

广告语涉及敏感话题，触碰信仰、民族话题等，更是要避免。

庸俗的内容或表现方式、传播方式都有违社会普遍的道德观念，会让受众强烈反感。

在信息表现方式上运用煽情、夸大、轰动、挑逗、荒诞及诱惑等手法，在心理上促使受众产生好奇、兴奋和幻想等，以此诱导行为来达到某个产品或主体的宣传和推广目的，这是十分不妥的。

让儿童出现在酒的广告或传播中，也许并没有恶意，但这实际上有诱导未成年人饮酒之嫌，是非常不理智的。

还有一种常见的恶俗是贬低别人的品牌，抬高自己的品牌，这十分令人生厌。

4. 广告语一成不变

广告语不要轻易变，但是不是不能变呢？请不要误会，广告语是可以变的，而变的前提是拔高品牌，适应消费市场的变化，更好地拉动销售。可口可乐先后多次更改产品广告语，不断调整，适应时代的发展和消费者的需求改变，从而累积了深厚的品牌资产。

广告语不是一成不变的，是按品牌升级的战略不断更新的，当一个品牌升级后，广告语自然也就跟着变了。

第五章

酒庄管理者
可使用的市场营销方法及工具

市场营销学经过 100 多年发展，其理论也不断地在进化和发展，并且衍生出众多营销模型。因为市场环境的复杂和多变，市场营销的模型也相对应地复杂和多样起来。目前比较常见的市场营销理论和模型包括 4P、4C、STP 和 CCDVTP。其他一些营销理论则基本是在这些营销理论的基础上派生出来。

一、4P 理论

4P 理论是麦卡锡（Jerome McCarthy）于 20 世纪 60 年代提出的营销理论。它是以生产者为导向而发展出的营销模型。4P 指的是产品（Product）、价格（Price）、分销（Place）、促销（Promotion）。

产品：注能上的差异化。

价格：根据不同的市场定位，制订不同的价格策略。

分销：企业不直接面对消费者，而是注重经销商的培育和销售网络的建立，品牌与消费者的联系是通过分销商来进行的。

促销：以短期的销售行为来刺激消费者的购买，例如折扣、买赠和促销活动等。

简单地说，4P 理论认为，企业如果生产出合适的产品，定出合适的价格，利用分销渠道，并辅以促销活动，那么该企业就会获得成功。4P 理论被认为是市场营销最为经典的理论，其指导意义至今还在众多企业和品牌的营销实践中被广泛地运用，尤其是科技类企业。但是 4P 理论有它的局限性，尤其是在消费者为主导的市场环境中，4P 理论是站在卖方的角度来看市场，而不是买方的立场，因此，在这个客户关系时代，市场营销从 4P 理论中派生出 4C 理论。

二、4C 理论

4C 理论是罗伯特·劳特朋（Robert Lauterborn）于 20 世纪 90 年代提出来的。它是在 4P 理论的基础上，站在消费者的立场上而派生出来的市场营销理论。4C 与 4P 相对应，即产品（Product）对应消费者（Consumer），价格（Price）对应成本（Cost），分销（Place）对应方便（Convenience），促销（Promotion）对应沟通（Communication）。

（一）消费者

站在消费者的角度，消费者所购买的不仅仅是产品，而是能够满足其需求的价值或者解决问题的方案。所以企业在开发产品时要更注重消费者的需求，在满足消费者的需求中获取利润，实现双赢。企业在营销实践中不仅要强调产品的功能，还要在质量、包装、品牌、服务上制定营销策略。

（二）成本

这里的成本不单是企业的生产成本，而是顾客在满足需求时所需要承担的所有成本，这包括购买成本和使用成本。这要求企业在制订产品价格的时候应当充分、综合地考虑消费者的心理价格，不能为了追求利润而制订不合理的价格。

（三）方便

企业在制订渠道分销策略的时候，要考虑消费者的利益和需要，提高消费者发现产品、购买产品的便利度，减少流通环节，降低流通成本，进而将流通成本让利给消费者。

（四）沟通

如果说促销是企业向消费者的单向信息灌输，那么沟通则是企业和消费者的双向信息交流。沟通注重的是消费者和企业的互动，企业在沟通的过程中，发现和了解消费者的真实需求，并相应地制订营销策略。

4P 到 4C 的转变是现代市场营销学的第一次革命，它改变了之前人们对市场是生产过程终点的认知，人们意识到，市场才是生产过程的起点。

但是 4C 理论过于强调消费者的地位，为了满足消费者多方面的需求，企业的经营成本也在不断增加，利润空间大幅缩小。并且在完全市场竞争环境下，单纯利用 4C 理论无法使品牌实现差异化和占据消费者的心智，也没有解决满足消费者需求的操作性问题。

三、STP 理论

STP，即 Segmenting（市场细分）、Targeting（目标市场选择）和 Positioning（市场定位）的缩写，他是菲利普·科特勒（Philip Kotler）在温德尔·史密斯（Wendell Smith）的市场细分理论基础上发展和完善起来的市场营销理论。它的核心是通过把消费者细分、制订客群目标和差异化定位的方法，让自己的产品脱颖而出，即市场定位理论。

（一）市场细分

市场细分是指营销者通过市场调研，依据消费者的需要和欲望、购买行为和购买习惯等方面的差异，把某一产品的市场整体划分为若干消费者群的市场分类过程。每一个消费者群就是一个细分市场，每一个细分市场都是具有类似需求倾向的消费者构成的群体。简单地说，市场细分就是根据消费者需求上的差异，把某个产品或服务的市场逐一细分的过程。所以市场细分不是根据产品品种和产品系列来划分的，而是从消费者的角度出发来划分的。市场细分的方法有很多，比如根据地理位置、人口分布、价值观、兴趣、生活行为和人生阶段等进行细分。

（二）目标市场选择

目标市场选择是指在市场细分的基础上，企业选择特定细分市场来生产和准备相对应的产品或服务，来满足其需求。在营销活动中，企业要明确自己为哪一类消费者服务，满足他们的哪一种需求，因为在当今多元化的消费市场中，企业无法满足消费者所有需求。

（三）市场定位

市场定位是指企业通过目标市场的营销设计，确定自己的产品在目标市场中的竞争地位，从而让目标消费者对自己的产品保留独特和深刻的印象。市场定位要实现的不仅是产品上的差异化，更是通过营销手段，放大和强化产品的某些属性，包括性能、构造、成分、包装、形状、质量等，从而形成与众不同的独特形象，赢得消费者的认同。在完全市场竞争的环境中，定位差异越多，属性维度越大，则竞争力越强；如果定位无差异，产品属性维度小，则可能陷入价格战。所以，在越成熟的市场中，消费者越是要根据产品的定位来决定是否购买这个产品。

当今的市场是一个多层次、多元化的消费需求综合体，任何企业都无法满足消费者所有的需求。企业应该根据需求和购买力的差异化等因素把市场分为由相似需求构成的消费群，即市场细分。企业可以根据自身战略和产品情况，选择符合企业目标和能力的细分市场作为目标市场。随后，企业需要将产品定位在目标消费者所偏好的位置上，并通过一系列营销活动向目标消费者传达这一定位信息，让他们注意到产品的特色，并感知到这就是他们所需要的。

四、CCDVTP 理论

CCDVTP，指创造（Create）、沟通（Communicate）、传递（Deliver）、价值（Value）、目标市场（Target）和获利（Profit），意思是针对目标市场，不断通过创造、沟通和传递价值来实现盈利。这个模型是菲利普·科特勒在 2006 年首次提出的，而模型的核心就是"创造价值"。

　　CCDVTP 对于品牌的建立具有指导意义，它不是为了营销而营销，它的目的是建立真正的品牌。建立品牌包含四个重要步骤，分别是目标市场、品牌定位、价值主张和品牌推广。科特勒认为任何事物都可以做成品牌，但是做品牌的第一步不是一开始想着做什么品牌，而是要先定义自己的市场，但市场和消费者的需求是千变万化的，甚至有时消费者都不知道自己有什么需求，这个时候企业应该发挥创新能力，不断地创造出新的价值来满足消费者的需求，让价值主张发挥作用，引发消费者与品牌心灵的共鸣，而不是简单地说服，这也是模型中沟通和传递的重要作用。

　　如果说 4P、4C 和 STP 是一种被动的市场营销，其目的是满足消费者和企业的需求，那么 CCDVTP 则是一种主动的市场营销方式、持续地创造需求和价值，并且尽可能地去传播这些价值，最终成为强大的品牌。

五、小结

　　随着现代市场营销学的快速发展，其理论和依托理论所建立的模型也在不断地发展和更新，但是这些理论和模型并不是独立存在的，它们之间可以相互配合，优势互补。这些模型是我们认识市场和市场营销的一种工具，没有绝对正确的营销模型，但是模型是我们所能使用的最高级的营销工具，虽然它只是一个参考，但是使用模型思维，比单纯靠直觉，要好得多。作为营销人更应该熟悉并且能够熟练运用这些理论模型，但是无论哪种模型或者模型组合，最终的目的是帮助企业建立更加强大的品牌。

第六章

葡萄酒品牌如何做
整合营销

一 、什么是整合营销

整合营销，又叫整合营销传播，是指企业为了与消费者沟通、满足消费者的需求、实现消费者价值，而设定的统一营销策略，整合所有资源和营销工具，实现在一定成本内，为消费者创造一致、清晰和持续的品牌体验的过程。整合营销要求明确消费者可能与企业、品牌、产品接触的所有关系点和每次接触中传递一致的信息，也就是要保持资源的整合和价值主张的一致性，其终极目的也是塑造更强大的品牌。

二、整合营销的出现

如今的市场营销变化非常快，品牌与消费者的沟通方向也从传统的大众营销（如报纸、杂志、电视等）向越来越丰富化的媒体、渠道（如移动互联网、体验店、专业展会等）转变，这就给营销人员带来了更多挑战。由于消费者如今接受信息的渠道众多，但是他们不会像专业的营销人员一样去区分信息来源和信息所传达内容的准确性，所以他们会将所有收集到的信息综合在一起，形成对企业和品牌的总体印象和概念。但是如果不同渠道所传达的信息有冲突，就会使消费者对于企业的形象、品牌定位和价值理念等关系的理解变得混乱。以葡萄酒行业举例，企业可以将葡萄酒分出众多的产品系列，如果每款产品都有一个独立的宣传内容，而内容所表达的理念都不一样，那么消费者必然不会对品牌产生清晰的认知，就更不会形成价值的共鸣，自然就没有忠诚度。这种方式也许在信息渠道少的时期管用，但在如今信息量巨大的时代，信息的重叠和差异会让消费者困惑。所以现在越来越多的企业开始采用整合营销传播，企业会整合各种沟通渠道，向外界传达一致、清晰和具有说服力的企业或者品牌信息。

整合营销真正意义上体现了市场部和市场营销总监岗位设立的必要性，它要求企业必须有专业的人员和部门来有效地制定、执行整合营销的沟通活动，因为这对企业品牌形象的一致性和销售将产生显著的正影响。

三、整合营销的关键步骤

整合营销是企业或者品牌最为重要的市场营销活动，不仅需要营销者有着全局的战略眼光，合理策划、制定营销内容，还需要营销者在具体执行上对细节的把控。整合营销的关键步骤有以下几个，具体的执行工作需要在具体的工作实践中摸索和锻炼。

（一）前序工作——品牌定位和价值主张

整合营销工作必须在品牌前期的战略工作（品牌定位和价值主张）已经完成的情况下，才能够有效地规划、制定和执行。在如今的市场环境下，企业的资源是有限的，无法满足所有消费者，所以企业必须找到自己的目标消费者，制定并利用品牌所倡导的价值与目标消费者产生共鸣，占据消费者的心智。品牌定位可以明确整合营销活动中有效的沟通目标，价值主张则可以保证企业或品牌制定和传播信息的一致性。企业和品牌的营销计划必须围绕价值主张来进行制定，不能为了营销而营销，要牢记营销的目的是塑造强大的品牌，只有这样才能够真正地发挥整合营销的作用。

（二）整合沟通渠道、设计沟通内容

传统上，我们把沟通渠道分为人员沟通渠道和非人员沟通渠道。人员沟通渠道包括面对面谈话、打电话、短信、沟通软件等；非人员沟通渠道是指不通过人员接触而传达信息的途径，包括电视、广播、招牌、海报、报纸、杂志、电邮、视频、网络广告、品牌官网、物料陈列等。

如今，由于信息科技的进步，人们沟通的方式更强调互动性，所以沟通渠道可以按线上沟通和线下沟通来划分。线上沟通包括电脑和移动端的网站、社交平台、视频平台、购物平台等；线下沟通则包括各种视觉呈现和落地活动的体验等。现在的整合营销，更多地将线下与线上的沟通渠道结合起来，针对目标消费者，设计和传播统一的信息内容和价值。

信息内容不单单是几句广告语或者简短的文案，而是指品牌的所有资产，包括品牌名、品牌颜色、品牌标语、产品体验等一切与品牌相关的内容。以葡萄酒举例，品牌根据定位和价值主张，设计和制作关于品牌想要表达的产品价值、理念等相关信息内容，利用微电影、广告、海报、品牌故事、软文，甚至品牌颜色、品牌音乐等方式来呈现。通过线上将品牌的理念和价值传播给目标消费者，同时通过产品、包装、推广物料、陈列展示和线下活动诸如品鉴会、晚宴、展览会、产区游等来加深消费者的品牌体验。全方位地让品牌信息和价值主张尽可能地触达每一位目标消费者。

（三）寻找合作伙伴——信息、内容和价值的来源

整合营销中的内容、信息固然重要，但是不能忽视信息和内容的来源，

也就是对于消费者来说，信息的提供者是谁非常重要，来源可靠的信息总是更具有说服力。这就要求企业不能仅仅是自说自话，还要寻找和选择合适的、价值观相符的长期合作伙伴，通过双方资源整合，优势互补，事半功倍地向目标消费者传播和传递品牌信息和价值，实现双方的共赢。

合作伙伴可以是同一行业的，比如行业专家，意见领袖，也可以是企业与企业的强强联合，例如葡萄酒企业可以选择与业内知名的葡萄酒大师、侍酒师、酒评家、葡萄酒作家等合作，也可以跨界合作，联合营销。

合作伙伴也可以是跨行业、跨领域的人、事物或者品牌，比如音乐、体育、电影、艺术等与人们生活方式息息相关的行业领域，这也是最常见的合作方式。以葡萄酒品牌举例，杰卡斯（Jacob's Creek）与网球巨星德约科维奇的代言合作、酩悦香槟（Moet & Chandon）与金球奖的赞助合作，都属于这一合作方向。

在合作伙伴的选择中，选名人、明星做品牌的代言需要小心谨慎，代言人一旦出现错误或者负面的信息，则可能会使企业陷入窘境，对品牌产生负面影响。

（四）整合企业资源，制定合理预算

企业的财力、物力、人力等资源是有限的，所面临的最困难的营销决策之一就是到底该花多少钱来进行营销活动。这就要求企业的营销推广需要有全盘的计划和相对应的预算。整合营销的一大优势就是可以在一定的成本预算下，整合资源，集中优势去进行营销推广和传播，这就意味着不仅仅是财大气粗的企业才能玩营销、做推广，中小企业在自身可承担的预算下，也是

可以玩转整合营销的。

制定预算大体上有四种方法，分别是销售百分比法、可承受法、竞争比较法和目标任务法。

1. 销售百分比法

销售百分比法是以目前销售额或预测销售额的一定百分比来制定营销预算的方法。销售百分比法比较简单，管理者只需要考虑市场营销费用与售价和利润之间的关系即可，不同的行业其比例也不同，一般消费品行业中的市场营销费用会占到销售额的 10% 左右，化妆品行业在 15% 左右。销售百分比法是根据资金的可得性而不是销售机会来制定的。虽然此方法比较简单，但是，因为其未知性，尤其是销售额无法准确地预估出来，这种方法并不太适用于初创企业和品牌。

2. 可承受法

可承受法是指在企业可承受的能力范围内来制定营销预算。一般小型企业比较倾向于这种方法，因为采用这种方法营销的支出不会超出企业的现有资金，只需将利润中的部分资金划入市场营销费用中即可。

可承受法不利于长期的市场规划，因为企业每年的利润是波动的，如果企业没有利润的产生，势必就不会有任何的市场投入，也就完全忽视了市场营销对于销售的正向影响。

3. 竞争比较法

顾名思义，竞争比较法就是指企业根据市场竞争对手的市场支出而制定自己的营销预算。这要求企业要了解和预估市场竞争对手的各项市场支出和投入，然后根据平均水平来制定自己的预算。

这种预算制定方法在理论上显得比较合理，因为根据竞争对手们的预算，也可估算整个行业的预算均值，但是其忽视了企业之间的差异和各个企业的特定营销需求差异。

4. 目标任务法

目标任务法是指企业根据营销所要完成的任务来制定市场营销预算。这里的任务不能简单地认为就是销量或者销售额，还应包括品牌认知度、市场渗透率、口碑、品牌形象、消费者体验等一系列的品牌任务。所以这就要求企业或者品牌要有明确的任务目标并确认达到这些目标所要执行的任务及完成这些任务的成本。这些成本的总和就是建议的市场营销预算。

这种方法是目前最为合理的一种预算制定方法，也是世界各大企业和知名品牌制定营销预算的方式。它使营销管理者必须说明所花费用和营销结果之间的关系，而且目标任务法也是一种动态的预算方法，即管理者会做定期评估，如果某个项目的营销任务目标未按进度完成，那么最终会导致市场预算费用的缩减，甚至整个项目剩余预算的取消。

总之，合理的营销预算可以帮助企业集中有效力量并且有针对性地、有效率地去做整合营销。预算的多少并不是关键，企业或者品牌应该结合自身特点或发展阶段来制定预算，只有这样，品牌才能够持续健康地发展。

5. 收集反馈信息

整合营销的最后一步是收集营销活动的反馈信息。反馈信息是否有效，取决于整合营销活动的任务目标，比如目标受众接触到多少次品牌所传播的信息，记得哪些关键点，对品牌信息的感受如何，对品牌或者企业的好感度等。当然，营销人员也希望能看到销量的提升，但是营销活动不仅要关注及时销量，还需要看后续的销量情况，因为整合营销并不是一次性的促销活动，而是一个长期的过程。

四、小结

整合营销是企业和品牌最为有效的营销手段之一，企业无论大小，处于初创阶段还是发展成熟阶段，或多或少都有一定的财力、物力、人力等资源，制定合理的整合营销计划和预算，可以将这些资源有效地结合起来，集中力量，事半功倍地完成既定目标。企业和品牌的发展是一个长期的过程，整合营销也不是一时的促销活动，需要长期坚持。

第七章

酒庄如何做品牌升级

一、品牌升级的定义

品牌升级是指针对市场和消费者的变化而对品牌内涵和形象进行升级改变。

随着企业经营环境的变化和消费者需求的变化，品牌的内涵和表现形式也要不断变化、发展，以适应社会经济发展的需要。品牌升级的战略目前包括品牌定位升级、品牌形象（品牌名称和品牌标志）升级、营销策略升级、管理创新等。

品牌升级不仅仅是改变形象或是开发新品，它是个系统工作，包含产品、形象、内涵、管理等方面的升级。

二、为什么要做品牌升级

（一）来自市场环境的变化

企业开拓新市场，市场营销环境与原先的有着巨大差异。在企业发展的过程中，原有的品牌定位在特定的时期能发挥较大的作用，但随着外界市场环境的变化，企业获得新的市场机会，但原来的品牌定位和品牌形象却不适应市场环境的变化。这时，企业出于发展和扩张的考虑，需要调整和改变原有的品牌定位，进行品牌升级。

（二）消费者需求的变化

消费者偏好和需求在发生变化。消费者都会对新奇事物充满兴趣，这也是人们不断寻求新产品、新品牌的动机。新奇和新鲜感，成为消费者乐于尝试的主要原因。消费者转而喜欢其他能够满足他们新需求的品牌，导致市场对原品牌的需求减少。这对企业的品牌形象提出了新的要求，在这种情况下品牌升级势在必行。

消费者的消费观念、消费行为在发生变化。由于消费观念、消费行为的变化，消费者的兴趣点和需求会发生转移，也许过去的品牌价值已经不能满足消费者变化了的需求。这时，需要通过市场调研发现消费者新的兴奋点和新的渴望得到的利益，对品牌进行升级。

（三）竞争激烈无法脱颖而出

企业在竞争中，如果没有明显的品牌竞争力，就会失去市场竞争优势，也就无法在激烈的市场竞争中脱颖而出。差异化是提升企业市场竞争力的有效手段。通过品牌升级，可以实现差异化的策略和手段，让企业在激烈的竞争中脱颖而出。

原有的品牌定位和品牌形象优势消失。从竞争角度考虑，当品牌的定位优势帮助品牌形成竞争力，占有强大市场份额时，其他竞争品牌有可能扎堆，并且形成超越本品牌定位的优势。这就造成了品牌定位优势的弱化或者消失。此时再坚持原有的品牌定位，只会使品牌在市场中逐渐丧失份额。

（四）老化、过时、负面印象

不管什么品类，消费者的脑海里总会有那么几个老化、过时，甚至负面印象的品牌，因此，品牌要根据市场和消费者需求的变化而进行改变。

品牌形象老化、过时是品牌发展的自然规律，随着企业进入新的发展阶段，企业内外部环境的变化，以往的品牌形象已经不能满足企业发展的新需求。企业必须适时、适当地更新品牌，改变品牌形象老化、过时的局面。

品牌以某种特定形象在市场上存在多年，尤其是历史悠久的品牌，能在消费者心目中形成品牌的历史厚重感和良好的声誉，但是也会形成保守的、陈旧的负面形象。并且长期不变的形象容易让消费者产生审美疲劳，失去品牌的鲜活性和刺激性。所以，品牌应该注入新的内容，丰富品牌内涵，活化品牌形象和个性，在不同的时期争取不同的新的消费者。

如果企业之前曝出过负面新闻，给市场和消费者留下了负面印象，市场和营销上陷入被动和困局，那品牌升级更是势在必行的。

三、品牌升级的方向

品牌升级主要是从产品、品牌形象和品牌内涵这几方面进行的。

（一）产品升级

产品升级，往往对产品进行更新换代，从产品的材质、产品的功能、产品的质量（葡萄酒的口感和感官愉悦度）等方面进行改进和升级，引起消费者更多的注意或者满足消费者新的需求。

当企业实在无法通过改进产品质量、性能等方法来进行品牌升级的时候，通过改变产品包装、带给消费者新鲜感，以此来进行品牌升级，也是一个简单且行之有效的办法。

（二）品牌形象升级

品牌形象是消费者心目中对品牌所有内容的反应、印象和评价的综合，是消费者对品牌的所有联想的集合体，它反映了品牌在消费者记忆中的图景。

品牌形象的升级，主要是品牌视觉识别系统的升级和更新，包括品牌标志、品牌主色和辅助色、品牌字体、图像风格和标志应用规范的升级和更新。

（三）品牌内涵升级

品牌内涵的升级和更新，往往是价值主张的升级，实际操作中主要是重新提出品牌的价值主张，来满足消费者新的诉求、精神和个性，给消费者带来新的利益价值。

四、品牌重新定位

品牌重新定位是品牌为重新获得消费者心智中的独特地位而进行的改变，包括价值主张、个性等。企业为已在某市场销售的产品重新确定某种形象，以改变消费者原有的认识，争取有利的市场地位。

只有品牌重新定位才能面向新的细分市场，提供新的品牌内涵和品牌诉求，满足新的目标顾客的需求，品牌才能更新成功，焕发新生。

当企业发现现有的消费者发生根本性变化，或者竞争品牌的定位更加有冲击力，而自己原有的品牌定位本身独特性不复存在，那么，是时候进行品牌重新定位了。重新定位的方向包括以下几点。

（一）市场调研

深入调研，收集品牌重新定位的信息。主要内容包括品牌原定位的评估信息和存在的问题，市场现状及其发展变化的信息，竞争对手的定位信息和最新动态，消费者对该品类的品牌感知，消费者行为和消费者心理的变化，产品属性的变化，企业内部环境的变化等。

调研的主要目的是为品牌重新定位的决策信息提供参考，同时为了精准定位，防止盲目重新定位造成重大损失。

（二）目标消费者洞察及其细分

准确锁定目标消费人群。品牌定位是一场抢占消费者心智的战役，所有的战局分析、战前准备和战略部署都以消费者为中心展开。如果消费者发生转移，品牌重新定位的重要内容就是重新定义品牌的目标消费人群，根据目标人群进行消费者细分，针对不同人群塑造品牌形象。

（三）独特的价值主张

品牌的目标消费群变了，消费者需要专属的、能打动他们的独特差异点即品牌承诺并兑现给消费者的最主要、最具差异性与持续性的理性价值、感性价值或象征性价值。塑造品牌个性必须首先考虑品牌核心价值观是什么，并以它为核心，塑造和演绎品牌个性，以此提升品牌价值，实现品牌增值。

（四）着眼于品牌长远发展，寻找品牌成长空间

着眼于品牌的长远发展，将其与企业愿景相结合来审视品牌重新定位。从企业实际情况出发，以市场为导向，发挥企业的优势并利用化劣势为优势的种种措施，寻找市场空隙，扩大市场空隙，占据市场空隙，开拓出新的市场空间。使品牌重新定位与市场未来的发展趋势相匹配，让品牌获得更大的市场发展空间。

第八章

酒庄如何进行
新产品开发

一、新产品开发的定义

在基于企业战略的基础上规划、研制、推广不同内涵与外延的新产品，增强产品市场竞争力，可以对现有产品进行改进，也可以开发全新产品。新产品开发的常见错误主要是目的不清，为了开发新产品而开发新产品。目前葡萄酒行业比较新颖的新产品开发主要表现在有特别内涵和意义的产品开发，如特别纪念款、生肖酒、艺术酒等。

二、为何开发新产品

（一）吸引和留住更多的消费者

根据消费者的需求开发相应产品，吸引和留住更多的消费者。这类产品开发，主要是迎合消费者的需求，抢占消费者的消费心智，从而提升吸引力和留住更多的消费者。比如奔驰，为了招募更多年轻顾客，基于体验平易近人的奢华的开发思路，开发了奔驰 A 系列。奔驰 A 系，成为最容易入手的奔驰车。

（二）增加企业的利润

在产品规划中，现有的产品完成了提升市场占有率的任务，在保持市场稳定的前提下，需要一部分产品能发挥增加企业利润的作用。基于此，此类新产品往往在企业产品战略中被定义为利润型产品，新产品开发时就需要对其成本和利润仔细地测算，以增加企业的利润。以皇家礼炮（Royal

Salute）为例，为了提升企业利润和品牌形象，从英国的历史、文化、人物及里程碑事件多个维度进行挖掘，开发了皇家礼炮 62 礼赞，一上市就深获消费者的喜爱。

（三）创造新的需求

在仔细对消费者行为和需求进行研究后，我们往往会发现消费者的需求相对比较集中和突出，这类需求也往往是各企业主要竞争的市场阵地。在保持主要需求方面的市场稳定后，我们考虑增加企业优势和产品优势，就可以从新产品开发着手，创造市场新的需求，从而增加竞争优势。

（四）提升品牌的形象和强化品牌内涵

新产品是基于现有产品的补充或者延伸，企业吸取之前市场反馈上的不足，同时结合品牌升级的需求和表现，推出具有更佳品牌形象和更能体现品牌内涵的产品。例如保乐力加贺兰山酒庄为了提升品牌形象，在原有经典系列、特选系列基础上开发了霄峰系列，从而摆脱品牌之前的廉价形象。

三、新产品开发的步骤

（一）调查研究

根据新产品开发的目的，认真做好调查研究工作。此阶段主要是提出新产品开发的思路及新产品的原理、结构、功能、材料、工艺、包装方面的开发设想和总体方案。

（二）构思创意

新产品开发是一种创新活动，产品创意是开发新产品的关键。要依据社会调查掌握的市场需求情况及企业本身条件，充分考虑用户的使用要求和竞争对手的动向，有针对性地提出开发新产品的设想和构思。包括产品的定价、销售渠道、营销策略，以及相应的质量等级、产品包装样式及视觉呈现，如瓶型、瓶塞、胶帽、礼盒、外箱、酒标等方面，这些对新产品能否开发成功有着决定性的作用。

（三）包装设计

根据企业 Logo 及主要的视觉呈现因素，进行酒标、礼盒、外箱等包装设计。设计定稿后，进行包装打样，确认包装设计的实际效果。包装设计需要结合新产品开发计划进行，要预留足够的时间以保证设计效果。

（四）正式生产和销售阶段

在这个阶段，不仅需要做好生产计划、劳动组织、物资供应、设备管理等一系列工作，还要考虑如何把新产品引入市场，如研究产品的促销宣传方式、价格策略、销售渠道和提供服务等方面的问题。

四、新产品开发案例

（一）生肖酒

生肖纪年源于人们对自然的崇敬和对动物的敬畏，就像葡萄酒农对葡萄风土的尊重与重视，生肖 12 年的一循环，就像葡萄树的生长，从栽种到生产，从扎根到发芽，从开花到结果，12 个月的循环，在风土中成长，结出的果实品质越来越稳定，酿出的酒自然越来越美味。

（二）限量产品

1. 泰亭哲香槟

为了产品高端化，同时为了提升品牌形象和识别度，泰亭哲将绘画艺术与年份香槟相结合，推出泰亭哲艺术藏品系列，使产品形象更加深入人心，使产品具有艺术收藏价值。

2. 张裕爱斐堡 1 号

爱斐堡 1 号是由北京张裕爱斐堡国际酒庄为庆祝张裕国际酒庄联盟成立而酿造的纪念版干红，曾获 2010 年 Pentaward 国际包装设计奖奢侈品类金奖，为首次赢得该项殊荣的中国葡萄酒。

沉静的黑色瓶身上，凹凸有致的立体菱形纹理，在光线下显现出夺目的影调。18K 金手工打造的"1"字呼之欲出，28 颗施华洛世奇水钻点缀周边，奢华感不彰自显。其包装盒犹如国家大剧院的巨蛋造型浑然一体，独具风格，其外观设计灵感源于未来派建筑风格，恰到好处地演绎出建筑美学和红酒品位完美结合的极致神韵。

2017 年，世界权威酒类媒体 The Drinks Business 发布"五大天价中国葡萄酒"榜单，其中最昂贵的中国葡萄酒为张裕爱斐堡 1 号干红，其市场零售价格为人民币 29800 元。

（三）联名产品

尊尼获加（Johnnie Walker）携手 HBO 与《权力的游戏》2018 年发布全新 White Walker 威士忌，这款限量版苏格兰威士忌的灵感源自热门剧中最神秘、最令人敬畏的角色，让剧迷们在等待最终季间隙能够喝上一杯威士忌来缓解心情。

这款创新之作由威士忌专家 George Harper 以及尊尼获加的专业调酒师小组共同创作，冷冻后直接饮用的口感最佳，能让人想起角色的寒冷气息。

这款酒瓶身由冰冷的白色与蓝色组成，而尊尼获加标志性的行走于世的男人也穿上盔甲，以便融入大军，让人不禁想起极寒北境。利用温度敏感型墨水技术，瓶身冷冻后会出乎意料地显示寒冰图案，提醒剧迷们"凛冬已至"。

这款苏格兰威士忌具有焦糖、香草、新鲜红浆果和水果等香味，并且融合了来自卡杜酒厂和克里尼利基酒厂的单一麦芽威士忌。克里尼利基酒厂是苏格兰最北的酒厂之一。调酒师 George Harper 利用极寒北境为制作这款酒的灵感来源，他表示："来自克里尼利基酒厂的威士忌经历了漫长的苏格兰冬季，就像坚守北境的守夜人军团经历的漫长守卫期一样，这是制作这款独特威士忌的完美起点。"

第九章

产区品牌的塑造

一、塑造产区品牌的重要性

从葡萄酒行业的规律来看，产区品牌要优先于产品品牌，这里的先后并非时间意义上的先后，而是消费者认知上的先后，因为认知产区比认知庞杂的品牌要容易得多，因此，产区品牌的塑造是重中之重。

消费者对葡萄酒的认知大多停留在产区或国家层面，很多人可能会说"我喜欢波尔多、纳帕或者澳大利亚的酒"，但极少能具体到品牌。所以产区形象非常重要，比品牌认知要重要得多。

产区形象的打造和当地企业的发展是中国葡萄酒产业发展突破瓶颈期的关键。波尔多、卢瓦尔河谷、巴罗萨等产区模式对于我国葡萄酒产区品牌塑造都有很好的参考价值。

二、如何塑造产区品牌

（一）产区品牌宣传推广体系

要进行产区品牌的塑造，第一步需要构建"产区品牌宣传推广体系"，建立标准化形象视觉体系。

以贺兰山东麓葡萄酒银川产区为例，构建了"天作之贺·和而不同　贺兰山东麓葡萄酒"产区品牌宣传推广体系，持续坚持打响这一产区品牌，全方位、立体化构建和完善"天作之贺·和而不同　贺兰山东麓葡萄酒"形象视觉体系，对标国际全面提升专业化宣传推广配套服务能力。

（二）产区课程

作为世界众多知名葡萄酒产区的主要推广方式，产区官方认证课程也是中国葡萄酒在本土市场不可或缺的推广方式。目前，在中国开课的国家或产区有法国波尔多、香槟、罗讷河谷、卢瓦尔河谷、勃艮第、西班牙里奥哈、雪莉、葡萄牙马德拉、波特、澳大利亚巴罗萨、西班牙葡萄酒、德国葡萄酒、新西兰葡萄酒等。

产区课程作为塑造产区品牌的基本配置，是产区推广强有力的抓手，可以让业内外迅速了解产区及其优质葡萄酒，提升产区的知名度和整体形象，为产区企业"背书"，带动优质酒庄的美誉度，扩大市场影响力和销售机会。通过招募一批专业讲师，并利用讲师的资源在全国不同城市推广，直接或间接带动产区葡萄酒消费，拉动产区旅游，构建产区销售新渠道。

以贺兰山东麓葡萄酒银川产区为例，于 2021 年 4 月 28 日《贺兰山东麓葡萄酒银川产区教程》首发，并聘任 90 名贺兰山东麓葡萄酒银川产区讲师。《贺兰山东麓葡萄酒银川产区教程》是国内第一部葡萄酒产区自主开发编写的葡萄酒市场推广教程，对贺兰山东麓葡萄酒消费者教育培训体系建立、扩大产品市场影响力和销售机会具有重要的意义，对贺兰山东麓葡萄酒品牌宣传和市场开拓具有直接的推动作用。在讲师们专业且辛勤的工作下，银川产区课程持续发力，在全国遍地开花，取得了非常好的推广效果，获得了极高的关注度。截至 2023 年 6 月 29 日，贺兰山东麓葡萄酒银川产区已开设了线下课程 286 期，落地直接培训人数 5736 人，覆盖 56 座区域重点城市，形式多样，内容创新，带动销售超过 3000 万元，相关媒体报道覆盖千万级人群，获得行业广泛关注。

自首发以来，贺兰山东麓葡萄酒银川产区认证课程持续发力，多点开花，并创新课程模式，形式多样，特色鲜明，引起极大反响。除了餐酒搭配、酒茶主题，其他跨界融合主题的跨界方式以外，贺兰山东麓葡萄酒银川产区课程还积极多次开展产区旅游式课程，让学员们收获良多，备受好评；2022 年以来，贺兰山东麓葡萄酒银川产区与京东强强联合，携手贺兰山东麓葡萄酒银川产区庄主们走进京东总部，开展系列课程分享活动，持续扩大贺兰山东麓葡萄酒银川产区认证课程的影响力；积极推动产区课程走进高等院校，如上海交通大学、北京大学、西北大学、西北农林科技大学、桂林航天工业学院、山西农业大学、桂林旅游学院、集美大学、天津外国语大学、安徽建筑大学、浙江纺织服装技术学院、贵州大学、暨南大学、宁夏葡萄酒与防沙治沙职业技术学院、常州纺织服装职业技术学院、常州工程职业技术学院、无锡职业技术学院、西安工商学院、云南旅游职业学院等，以丰富多彩的方式讲述银川产区风土故事，成为产区课程的一面旗帜。

（三）展会推广

展会推广是产区品牌塑造的重要手段。产区通过有影响力的展会平台，以产区联合展位参展、举行主题大师班（推介会）等丰富的形式进行展会推广，保证产区在葡萄酒商贸领域的持续露出，提高产区影响力和知名度，为产区品牌打造提供流量巨大的平台，也为酒庄（企业）搭建高效的产品招商平台。

以贺兰山东麓葡萄酒银川产区为例，近年来，贺兰山东麓葡萄酒银川产区以产区推广国际化对标为方向，以打造贺兰山东麓葡萄酒银川产区品牌为宗旨，以促进酒庄渠道拓展和产品销售为核心的全新产区市场推广模式日趋成熟，走出了一条极具创新的国产葡萄酒推广模式。2021 年以来，通过中国内贸第一大展（全国成都糖酒商品交易会）、国际最具规模和专业度的葡萄酒及烈酒展会（ProWine 上海国际葡萄酒与烈酒贸易展览会），以及更多的"走出去""请进来"的推广活动，不断提升知名度和销售量，实现产业从"种得好、酿得好"向"种得好、酿得好、销得好"转变，解决酒庄（企业）销售难问题。

（四）城市巡展

城市巡展，就是以"走出去"的方式，深入国内重点葡萄酒市场，与当地经销商、消费者亲密接触，让产区持续在市场上亮相、发声，进一步拓展销售渠道，让更多的人感受到了产区的风土魅力。城市巡展是产区品牌塑造的重要配套手段之一。

从 2021 年以来，贺兰山东麓葡萄酒银川产区重点聚焦东南沿海等国内重点葡萄酒市场，面向葡萄酒经销商、餐饮从业人员、酒吧经营者、侍酒师、培训讲师及葡萄酒爱好者开展城市巡回专场品鉴推介活动，更好、更直接地促成葡萄酒意向采购合作，提高产区影响力和知名度。目前已深入上海、宁波、杭州、苏州、南京、广州、深圳、厦门、福州、天津、澳门、三亚等多个重点城市开展城市巡展推广活动，获得了良好的推广效果。这些城市对葡萄酒的消费认知独具一格，葡萄酒消费氛围活跃、浓厚，具有良好的市场氛围，与贺兰山东麓葡萄酒银川产区的活跃的品牌形象相得益彰。而产区的高质量产品广受关注和欢迎。

（五）经销商大会

经销商大会是产区以"请进来"的方式，搭建广大葡萄酒经销商、采购商与产区酒庄（企业）全方位深度洽谈合作的平台，不断拓展产区葡萄酒文化传播和市场消费渠道，增强葡萄酒品牌市场竞争力和销售能力，并将经销商大会打造成为产区标志性产品推广和葡萄酒文化符号，并逐步将其与文化旅游结合，开创发展新局面。

以贺兰山东麓葡萄酒银川产区为例，2021 年以来，已连续举办三届经销商大会，邀请全国葡萄酒行业领军人才、经销商、酒类连锁机构、电商平台、葡萄酒讲师及媒体代表等，通过举办贺兰山东麓葡萄酒银川产区经销商品鉴洽谈、银川产区课程讲师认证、产区课程消费者教育培训、高峰论坛等系列活动强化"天作之贺·和而不同　贺兰山东麓葡萄酒"品牌管理和保护，打造利益共同体，加深消费者对贺兰山东麓银川产区葡萄酒的认识，拓展银川产区葡萄酒文化传播和消费渠道，让更多的经销商切身感受产区独特文化魅力，切实提升产区品牌知名度和影响力，增加酒庄（企业）主营业务收入，带动产区葡萄酒文旅融合，促进葡萄酒产业高质量发展。

"2021 贺兰山东麓葡萄酒银川产区春季经销商大会"达成葡萄酒经销意向合作金额共计达到 1.86 亿元，酒庄投资项目意向签约 4000 万元。

"2022 贺兰山东麓葡萄酒银川产区经销商大会"现场达成葡萄酒意向采购签约金额 1.86 亿元。

（六）产区品牌日

通过设定产区品牌日，强化产区品牌形象，并通过开展一系列品牌活动，持续发声，持续打造产区品牌形象。这对产区的品牌塑造非常重要。

"5·19"银川葡萄酒品牌日是中国首个葡萄酒产区品牌日，设立于2022年，贺兰山东麓葡萄酒银川产区通过"5·19"银川葡萄酒品牌日，开展系列活动，获得良好的推广效果。2022年开展了贺兰山东麓银川产区葡萄酒京东自营专区促销、京东知名网红达人带货直播、贺兰山东麓葡萄酒银川产区课程各地同步开课、银川产区认证讲师15城同步短视频为产区点赞、2022年贺兰山东麓葡萄酒银川产区品牌盛典等系列活动。

2023年开展了包括"风土·香颂"2023贺兰山葡萄酒艺术节、贺兰山东麓银川产区葡萄酒京东自营专区促销、组团参展ProWine国际葡萄酒与烈酒贸易展览会（北京站、深圳站）、贺兰山东麓银川葡萄酒抖音产区馆上线运营、贺兰山东麓葡萄酒银川产区课程各地同步开课等五大板块一系列重磅活动，线上线下双轮驱动，进一步扩大贺兰山东麓葡萄酒银川产区产品销售和消费市场的培育。

（七）布局线上销售矩阵

拓展线上销售渠道，打造葡萄酒线上销售矩阵，是塑造产区品牌的有效手段。

以贺兰山东麓葡萄酒银川产区为例。2021年4月，银川市葡萄酒产业发展服务中心与京东集团、银川市贺兰山东麓葡萄酒产业联盟共同签署了战略合作协议。经过三方努力协作及洽谈，2021 年 12 月 10 日，"宁夏贺兰山东麓银川产区葡萄酒京东自营专区"正式上线运营，打开了银川产区线上销售突破口，搭建了产业销售新渠道，更搭建了消费者与产区直接沟通对话的桥梁。该自营专区是贺兰山东麓葡萄酒银川产区在京东平台上的唯一官方授权自营旗舰店，更是银川产区酒庄在京东平台的展示和销售窗口。

宁夏贺兰山东麓银川产区葡萄酒京东自营专区致力于为中国乃至全世界的消费者提供银川葡萄酒一站式选购解决方案，致力于和消费者分享银川葡萄酒的独特风土文化，致力于中国葡萄酒，当惊世界殊！

同时，为进一步拓展银川市葡萄酒产业线上销售渠道，打造葡萄酒线上销售矩阵，银川产区通过与抖音平台积极协调，"宁夏贺兰山东麓银川葡萄酒产区馆"上线运营，借助抖音平台助力银川产区葡萄酒销售增长。

"宁夏贺兰山东麓银川葡萄酒产区馆"是贺兰山东麓葡萄酒银川产区在抖音平台上的唯一官方授权产区店铺，也是银川产区及酒庄在抖音平台的宣传和销售窗口。该店的上线运营丰富了产区销售模式，搭建了产业销售新渠道，增加了消费者与产区直接沟通、购买的桥梁，为产区打造葡萄酒销售矩阵迈出了坚实的一步。

三、贺兰山东麓葡萄酒银川产区的文化自信

宁夏贺兰山东麓葡萄酒产业凭借独特的区位优势、良好的风土条件、得力的工作举措，经过近 40 年的发展，已成为享誉全国的紫色名片，这个年轻的葡萄酒产区也逐步得到全球的认可。

屡获殊荣是产区品质的证明，不过，从成熟产区的发展历程来看，产区品牌的形成绝非品质这一个维度，消费者对一个产区的认知，是立体的、多元的，除了酒瓶之内的质量，还有酒瓶之外的诸多因素，如历史人文、风土人情、饮食文化、产地相关的人物、事件等，这些因素与葡萄酒的融合，才会形成一个产区独特的葡萄酒文化。宁夏贺兰山东麓该如何提升消费者对产区的认知，又该怎样打好自己的文化牌呢？

（一）得一山一河之形胜

世界上的知名葡萄酒产地大多依山傍水，宁夏能成为独具特色的葡萄酒产区，主要得益于一山一河，也就是贺兰山和黄河。

贺兰山为大致的南北走向，东西宽度 15~60 千米，长 200 多千米，海拔多在 1600~3000 米。贺兰山阻挡了西伯利亚寒流与腾格里沙漠东进的脚步，是宁夏和内蒙古两个自治区的分界线，也是西北外流水域与内流水域的分界线。贺兰山载历史、藏文化，宁夏的百家酒庄大多集中在贺兰山的脚下。贺兰山是宁夏的地理和文明符号，自然也会被众多酒庄作为品牌的一部分，形成葡萄酒行业独特的"贺兰"风景线，如贺兰红、贺兰神、贺兰山、贺兰亭、贺兰珍宝、贺兰芳华、贺兰传奇、贺兰晴雪、贺东、美贺、加贝兰、兰山图、兰山红、兰山骄子、兰山云昊、兰山玉卓、兰山伯爵等，其中贺兰晴雪酒庄的名字来自明朝"宁夏八景"中"贺兰晴雪"的记载。

黄河，从发源到入海流经 9 个省区，因黄河而兴的宁夏最为得天独厚，正所谓"天下黄河富宁夏"。2000 多年前的秦朝，宁夏平原就开始了利用黄河水进行农耕的历史，蒙恬将军率部 30 万众在此戍边屯田，兴修水利，此后宁夏日渐富饶，繁荣程度堪与秦关中地区相媲美，这个新家园被誉为"新秦中"，和誉新秦中酒庄的名字便来源于此。宁夏第一个也是目前唯一的世界遗产，就是宁夏引黄古灌区，2017 年成功入选世界灌溉工程遗产名录，古灌区由多个历史时期的古渠组成，如秦渠（秦朝）、汉延渠（汉朝）、昊王渠（西夏）、唐徕渠（唐朝）、红花渠（明朝）、大清渠（清朝）等，宁夏的两千年引黄灌溉的古渠史，也是宁夏平原的开拓史，更是一部活生生的中国水利史，宁夏也因此被称为天然古渠博物馆。如今，宁夏引黄古灌区范围达 8600 平方千米，干渠 25 条，总灌溉面积 828 万亩，渠间发达的水系纵横宁夏平原，滋润了农业生产，也滋生出大小不一的湖泊，因此，银川自古就是湖城，72 连湖形成巨大的湿地，也形成了名不虚传的"塞上江南"。

倘若没有贺兰山和黄河，也就没有宁夏平原，没有农业古灌区，没有今天的贺兰山东麓葡萄酒，其中大有文章可写，大有潜力可挖，对贺兰山文化和黄河文化的深入挖掘和书写是宁夏葡萄酒的发展所不可或缺的。

（二）塞上江南葡萄种植源远流长

宁夏平原被称为"塞上江南"，很多人会认为是一种美化，实际上，这个说法源于"塞北江南"，且已有 1400 多年的历史了。南北朝晚期，北周与南陈决战（公元 578 年的吕梁之战），北周大败南陈名将吴明彻，陈军被俘 3 万多人，北周把这些俘虏迁到灵州（今天的宁夏灵武市）种田开荒。陈军多是江南人，以米为主食，会种水稻的人不在少数。这些人无法南归，只能安顿下来，把随军带的大米种在当地，逐渐把灵州一带发展为鱼米之乡，江南人的饮食、语言、行为乃至文化逐渐融入当地，在塞北呈现一番江南景象，"塞北江南"的说法由此开始。如今，宁夏平原经过两千多年的发展，"塞北江南"的美誉名副其实，被口口相传为"塞上江南"。

"贺兰山下果园成，塞北江南旧有名"，唐代诗人韦蟾说，贺兰山下果树蔚然成林，很久以前就有"塞北江南"的美誉了。韦蟾写这首诗的年代，距离侯君集破高昌已经过去了 200 多年，葡萄早已在丝绸之路沿线落地生根，酿酒之法也早已传入中原。

公元 1038 年，年轻的党项羌首领李元昊，在贺兰山下宣布建立大白高国，史称西夏。1288 年，元世祖忽必烈灭西夏后改中兴府为宁夏路，意为"宁夏者，夏地安宁也"，"宁夏"由此得名，沿用至今。1317 年，监察御史马祖常被派到西北地区调查民情，马祖常是个大文人，他把在宁夏一带的见闻写进了《灵州》，诗中有两句是"葡萄怜酒美，苜蓿趁田居"，这是说葡萄和苜蓿在元代的宁夏地区种植广泛，彼时的塞上江南瓜果飘香，粮食充足，葡萄丰产，富余的葡萄可用来酿酒。

（三）宁夏现代葡萄酒产业的起点

宁夏平原因着绝佳的地理位置和富庶的农耕基础，一直是历朝的战略要地，两千年来，宁夏沿用着很多带有军事色彩的历史地名，以"关、营、堡、寨"命名的地方多达数十个，其中名声最大的，就是西部影视城所在的镇北堡，而宁夏现代葡萄酒发展的起点，则在玉泉营。

1984 年 5 月 9 日，宁夏玉泉葡萄酒厂在玉泉营农场开工建设，当年 9

月，8 名到河北昌黎葡萄酒厂学习的技术人员回到农场，此时正是葡萄采收季，但酒厂尚未完工，设备也没有到位，大家在农场的 3 间平房，靠着 100 多口大水缸，克服各种困难完成了当年的酿造试验。1985 年 2 月，这些宁夏本土种植的酿酒葡萄出产的第一批酒通过了自治区科学技术委员会的验收，由此开启了宁夏现代葡萄酒的发展历程。

（四）宁夏葡萄酒中的文化元素

2003 年，贺兰山东麓葡萄酒获得原产地地理标志认证，产区范围覆盖 300 万亩，可利用面积大约 150 万亩，目前种植酿酒葡萄 49.2 万亩，已发展为六个子产区，从北到南分别是：石嘴山、贺兰、银川、永宁、青铜峡、红寺堡产区，每个子产区都文化底蕴深厚，在此以青铜峡为例，简单介绍那些葡萄酒中的文化符号。

青铜峡位于宁夏中部，是黄河上游段的最后一个峡口，峡长 6 千米，自古就是中国西北边防的战略要地。青铜峡境内有明代古长城、烽火台、甘城子古堡、鸽子山史前文明等遗迹。如今，青铜峡作为宁夏最重要的葡萄酒子产区之一，葡萄酒与这些古迹又有怎样的联结呢？

因背靠贺兰山，前有黄河，青铜峡自秦汉时期就成为防御外敌的军事战略要地，明政府在此设置了四大兵营，从南向北分别是广武营、大坝营、干（甘）城子营、玉泉营，这四个古兵营的名字仍然使用在当地的地名中。甘城子古兵营历经数百年，其遗址附近坐落着古城人家酒庄，"甘成古堡"，既取甘露天成之意，也与"甘城子"同音，酒庄与遗址相距仅仅几十米，产品酒标以贺兰山岩画和古兵营遗址为元素，续写着这座要塞的史诗。

甘城子以南 10 千米，有距今 1 万年左右的史前文明鸽子山文化遗址，在甘城子与鸽子山的中间位置，有一湖泊名曰"西鸽湖"，西鸽酒庄选址于此，并以鸽子为视觉符号，弘扬中国美学，推出玉鸽、西鸽系列产品，这座现代而精致的大型酒庄周边，有葡萄园两万亩，以葡萄美酒继续书写这片土地的神奇。

青铜峡邵岗镇，保留有明代的柳木皋烽火台遗址，境内还有两座高山，南为"大柳木高"，海拔 1579 米，北为"小柳木高"，海拔 1514 米，华昊酒庄"柳木高"的灵感即来源于此。

青铜峡内有黄河大峡谷、108 塔，还有大禹文化园，相传大禹为解决水患，在此举起神斧，把贺兰山劈开一道峡谷，黄河之水得以疏通，就在劈开贺兰山的时候，夕阳余晖把牛首山染成古铜色，大禹见此情景，提笔在山岩上写下"青铜峡"三个大字，青铜峡由此得名，而这里的"禹皇酒庄"得名于大禹治水的故事。

青铜峡水利枢纽的建成开启了宁夏有坝引水的篇章，把宁夏北部平原的灌区面积扩大了好几倍。青铜峡一带也是发展迅速的重要酿酒葡萄产地，尤其属甘城子的赤霞珠最为著名，进一步提升了青铜峡的声誉。"滔滔黄河作屏障，巍巍长城卫边塞，四大兵营踞要津，九大古渠扼平原。"黄河、长城、兵营、古渠，还有葡萄酒，书写着青铜峡的历史和未来，展示着青铜峡独一无二的魅力。

葡萄酒不仅仅是气候、土壤在产品质量上的体现，还有这方水土的历史积淀和延承，古人留下的文明密码，是今人的宝贵财富。类人首酒庄以岩画太阳神作为品牌 Logo，抱璞以岩画作为酒标主体元素，利思酒庄的"仁、义、礼、智、信"产品系列，更是充满了浓郁的中国传统文化气息……未来的宁夏葡萄酒，无疑会涌现出更多融合本土文化符号的品牌。

（五）宁夏葡萄酒的文化自信

葡萄酒是流动的历史，历史是陈酿的葡萄酒，宁夏有太多的历史人文还尚未在葡萄酒产业发挥价值。在做好品质的基础上，打好文化这张牌，增加品牌附加值，是塑造产区品牌的核心，更是企业发展的长久之计，因为消费者的需求不仅是产品，还有情感上的共鸣和精神上的收获。

塞上江南，神奇宁夏。宁夏的地域文化绚丽多姿，黄河文化、贺兰山文化、边塞文化、丝路文化、长城文化等，其中也自然少不了葡萄酒文化。中国葡萄酒的文化来自中国，我们应有足够的自信去讲述自己的故事，书写自己的文化。我们是中国的宁夏、世界的贺兰山东麓，我们不需要成为别人，我们要做的是我们自己，如果每当说起自己总是要提及别的产区，消费者会永远觉得你不如人家，所以不要去"抱大腿"帮别人做宣传，坚持做自己就够了。当有一天中国葡萄酒被全世界的消费者广泛认可时，那也一定是因为我们坚持做自己。

四、小结

产区品牌的塑造与企业品牌的发展相辅相成，也是中国葡萄酒产业发展的关键，国产酒在产区品牌的树立上做出了诸多努力，但仍与国外产区存在着巨大的差距，推广力度和系统性远远不够，很多产区至今没有走出去，更没有一套成熟、有效的推广方法，没有形成产区口碑和背书效应，导致企业参与产区活动的积极性受挫。

中国拥有好产区，不缺好产品，但许多好酒并未进入真正的消费市场。葡萄酒产区需要努力发掘和打造产区特色，更需要抱团取暖，共创辉煌。

图书在版编目（CIP）数据

天作之贺·和而不同：贺兰山东麓葡萄酒. 品牌营
销指导手册 / 郭明浩, 苏龙, 张旋主编. -- 银川：阳
光出版社, 2023.11
ISBN 978-7-5525-7133-2

Ⅰ.①天… Ⅱ.①郭…②苏…③张… Ⅲ.①葡萄酒
－介绍－宁夏②葡萄酒－品牌营销－宁夏 Ⅳ.
①TS262.6②F768.2

中国国家版本馆 CIP 数据核字（2023）第 243501 号

天作之贺·和而不同

贺兰山东麓葡萄酒 品牌营销指导手册 　　　　　郭明浩　苏龙　张旋　主编
TIANZUOZHIHE·HEERBUTONG
HELANSHAN DONGLU PUTAOJIU PINPAI YINGXIAO ZHIDAO SHOUCE

责任编辑　薛　雪
书籍设计　邢　龙　李浩然　杨逸凡
责任印制　岳建宁

出 版 人　薛文斌
地　　址　宁夏银川市北京东路 139 号出版大厦（750001）
网　　址　http://www.ygchbs.com
网上书店　http://shop129132959.taobao.com
电子信箱　yangguangchubanshe@163.com
邮购电话　0951-5047283
经　　销　全国新华书店
印刷装订　银川银选印刷有限公司
印刷委托书号　（宁)0027844

开　　本　720 mm × 980 mm　1/16
印　　张　5.5
字　　数　80 千字
版　　次　2023 年 11 月第 1 版
印　　次　2023 年 11 月第 1 次印刷
书　　号　ISBN 978-7-5525-7133-2
定　　价　99.00 元

天作之贺 和而不同
贺兰山东麓葡萄酒
谨以此书献给贺兰山东麓的葡萄酒人